L'ÉCOLOGIE TRAVESTIE

FSC
www.fsc.org
MIXTE
Papier issu
de sources
responsables
Paper from
responsible sources
FSC® C105338

MATHEUS DE LA JOYA

L'ÉCOLOGIE TRAVESTIE

Édition : BoD · Books on Demand, 31 avenue Saint-Rémy, 57600 Forbach, bod@bod.fr
Impression : Libri Plureos GmbH, Friedensallee 273, 22763 Hamburg (Allemagne)

Couverture, relecture, mise en page : Matheus de la Joya.

→ matheusdelajoya@proton.me

ISBN : 978-2-3226-6244-9
Dépôt légal : juin 2025

Table des Matières

Préface

Je ne suis pas chercheur. Je ne suis pas philosophe. Je ne suis pas expert en climat, ni diplômé en agronomie, ni conseiller en transition énergétique. Je ne représente rien. Je n'ai pas de titre.

Peut-être que cela me retire du crédit. Peut-être que certains s'arrêteront là, en quête d'autorité ou de chiffres. C'est leur droit. Mais ce livre n'a pas été écrit pour convaincre. Il a été écrit pour dire. Pour tenter de mettre des mots sur ce que je ressens viscéralement, et que je vois de plus en plus s'effacer dans le vacarme de l'époque : un amour profond, inaltérable, pour la nature.

Ce livre n'est pas une thèse. C'est une manière de tenir, face au cynisme, face aux dogmes, face à la marchandisation généralisée. J'ai voulu qu'elle soit claire. Qu'elle aille droit au cœur et à l'esprit, sans jargon ni prétention. J'ai cherché la concision, non pour simplifier à l'excès, mais pour rendre les choses accessibles, ouvertes, partagées.

Je ne suis du côté d'aucun parti. Seulement du côté de la paix. Du côté de la beauté. Du côté du vivant. Si cela fait de moi un hippie, alors soit : j'en accepte l'étiquette avec le sourire. Mais j'espère qu'à travers ces pages, on entendra autre chose qu'un folklore ou une nostalgie : une invitation à se réconcilier avec ce qui, depuis toujours, nous rend humains.

Ce livre est né de l'urgence. Pas celle des graphiques, mais celle du cœur.

Il est né d'un refus de renoncer à ce que nous avons de plus précieux : notre capacité d'émerveillement, et le lien fragile qui nous relie à tout ce qui vit.

INTRODUCTION

LE BROUILLARD VERT

Il fut un temps où le mot « nature » évoquait une prairie, un ruisseau, un bruissement de feuillage, un silence dans les bois, l'odeur d'un sous-bois humide, la lumière dorée sur une montagne. Aujourd'hui, il évoque un graphique. Une courbe ascendante. Un taux de CO_2. Un seuil critique. Un acronyme bureaucratique. Une échéance. Une peur. Un conflit.

L'écologie est partout. Et pourtant, elle est nulle part.

Elle habite les discours politiques, les publicités, les notes de service, les étiquettes de supermarché. Elle justifie tout : les taxes, les normes, les interdictions, les obligations, les sacrifices. Mais ce qu'elle désigne — le lien sensible, charnel, direct entre l'homme et son milieu — semble avoir disparu.

L'écologie est devenue une cause. Puis une doctrine. Enfin, une arme. Et comme toute arme dans un monde idéologisé, elle ne sert plus à réunir mais à séparer. À classer. À condamner. À fracturer. Le débat écologique ne repose plus sur la nature : il repose sur l'appartenance à un camp.

Il y a ceux qui nient tout. Ceux qui pleurent tout. Ceux qui veulent tout changer. Ceux qui prétendent tout changer pour ne rien faire. Ceux qui croient qu'un « plan » suffira. Ceux qui accusent. Ceux qui culpabilisent. Ceux qui promettent. Ceux qui menacent.

Dans ce brouhaha permanent, une chose est oubliée : la nature elle-même. Non pas la nature comme « enjeu », comme « problème », comme « cause », mais la nature comme expérience. Comme beauté. Comme réalité. Comme relation. Comme demeure.

C'est là le point de départ de ce livre : non pas une thèse, non pas une vérité, non pas une ligne partisane, mais un constat de dépossession.

Nous avons perdu la nature. Non dans les faits — elle est encore là, abîmée mais tenace —, mais dans notre regard. Elle ne nous touche plus. Elle ne nous attire plus. Elle ne nous parle plus. Elle est devenue un objet d'inquiétude, de gestion, de débat. Jamais d'émerveillement.

C'est pourquoi le discours écologique dominant ne peut pas fonctionner. Parce qu'il est fondé sur la peur. Et que la peur, si elle fige parfois, ne convainc jamais. Elle épuise. Elle endurcit. Elle révolte. Elle rend sourd. On ne change pas un peuple avec des courbes, des menaces et des injonctions. On ne transforme pas une civilisation en brandissant la fin du monde comme un épouvantail. On ne fait pas aimer la sobriété par la contrainte.

On ne fait pas aimer, tout court, par la peur.

Le discours environnemental a été confisqué par la technique, la culpabilité et la politique. Il ne parle plus au cœur, il ne parle plus aux sens, il ne parle plus à l'intelligence. Il parle aux chiffres. À la loi. Aux appareils.

Ce livre ne prétend pas régler le problème du climat, ni trouver la bonne température pour 2100, ni indiquer la « bonne » solution. Il se propose de sortir de la brume. De regarder en face la confusion actuelle. De déconstruire non pas les faits, mais les récits. Non pas les causes, mais les discours. Et de tenter de retrouver, derrière l'écran de fumée, une écologie vraie : celle qui nous relie au monde, pas celle qui nous en isole.

Il s'agira donc de comprendre comment une cause aussi noble a pu devenir aussi suspecte. Comment une réalité aussi évidente a pu devenir aussi idéologique. Comment une aspiration à vivre mieux a pu se transformer en entreprise de surveillance, d'interdiction, d'humiliation.

Il s'agira aussi de sortir des postures binaires : entre ceux qui refusent de voir le monde brûler et ceux qui veulent tout raser pour le reconstruire, il y a une voie. Elle est étroite. Elle est exigeante. Elle est fragile. C'est celle de la réconciliation.

Réconciliation avec le réel, d'abord : accepter que la nature ne soit ni bonne ni mauvaise, mais complexe. Qu'elle ne soit pas un décor, mais un tissu vivant auquel nous appartenons.

Réconciliation avec le temps : comprendre que l'écologie ne peut se plier au calendrier électoral, à l'immédiateté médiatique, au flux des émotions collectives. Qu'elle suppose patience, lenteur, constance.

Réconciliation enfin avec l'humain : l'écologie ne sera jamais acceptée si elle repose sur la haine de l'homme, sur le rejet de la technique, sur le ressentiment social. Il ne s'agit pas d'en finir avec la civilisation, mais de lui donner un nouveau souffle.

Nous avons besoin d'une écologie qui ne divise pas, mais qui élève. Qui ne moralise pas, mais qui enseigne. Qui ne contraint pas, mais qui éclaire. Une écologie capable de faire ressentir — non expliquer, mais faire ressentir — pourquoi la nature mérite d'être respectée. Et cela ne passera pas par des manuels, des rapports, des commissions. Cela passera par un travail de fond sur la culture, sur la sensibilité, sur l'imaginaire.

Ce que d'autres ont fait pour la beauté d'un pays, pour sa langue, pour son histoire — nous devons le faire pour la nature. Non en la sanctuarisant, mais en la réhabitant.

Ce livre n'est donc pas un manifeste, encore moins une leçon. C'est une tentative de retour au réel. Une promenade dans les impasses de l'écologie contemporaine, et une esquisse — modeste mais déterminée — de ce que pourrait être une écologie réconciliée.

L'ÉCOLOGIE CONFISQUÉE

HISTOIRE D'UN MALENTENDU MODERNE

Il n'y a pas de complot. Il y a pire : il y a des malentendus. Des glissements progressifs, presque imperceptibles. Des mots qui changent de sens. Des intentions qui se muent en injonctions. Des idées généreuses qui deviennent des armes.

Ce que l'on appelait jadis « nature » est devenu « environnement » — une notion plus froide, plus extérieure, presque technique. Ce que l'on appelait « soin » est devenu « gestion » — comme si le monde vivant relevait désormais de la comptabilité. Ce que l'on appelait « amour » est devenu « réglementation » — comme si la seule manière de défendre ce qu'on aime était de l'encadrer, de le normer, de le policer.

Le mot « écologie », lui, a tout absorbé. Il est passé de la biologie à la politique, de la science à la morale, de l'étude au sermon. Ce n'est pas qu'il ait été détourné une fois pour toutes : c'est qu'il s'est laissé prendre dans des récits contradictoires. Il est devenu une langue double. À la fois promesse de réconciliation et outil de division. À la fois exigence de lucidité et prétexte au mépris.

Ce qui suit n'est pas un procès.

C'est un essai de clarification.

Non pour distribuer les bons et les mauvais points, mais pour comprendre. Pour remonter le fil. Car on ne réconciliera personne avec l'écologie tant qu'on ne saura pas dire ce qu'elle a été, ce qu'elle est devenue — et pourquoi.

La naissance politique d'un mot doux

L'écologie, au départ, n'a rien de militant. Elle ne revendique rien. Elle observe.

Le mot est inventé en 1866 par le biologiste allemand Ernst Haeckel. « Oekologie », dans son esprit, désigne la science des relations entre les organismes vivants et leur milieu. Il s'agit alors d'une branche de la biologie, qui vise à décrire — et non à prescrire. À comprendre les réseaux de dépendance mutuelle, les cycles naturels, les dynamiques d'équilibre. C'est une science modeste, presque contemplative. Elle s'inscrit dans la lignée du naturalisme classique, de Humboldt à Darwin, en passant par les botanistes explorateurs du XIXe siècle.

Dans cette première acception, l'écologie n'a pas d'agenda. Elle ne cherche pas à convaincre : elle cherche à voir. On y parle de forêts anciennes, de zones humides, de migrations d'oiseaux. Le regard y est encore lent, minutieux, à hauteur d'herbe.

Mais le monde change. Brutalement.

La seconde moitié du XXe siècle voit surgir un double basculement : d'un côté, l'accélération industrielle, l'urbanisation massive, l'extension des infrastructures, la mécanisation de l'agriculture, la standardisation des modes de vie ; de l'autre, l'apparition d'un sentiment de perte — la perte d'un rapport immédiat, vivant, charnel au monde naturel.

Les années 60 et 70 sont décisives. L'ouvrage de Rachel Carson, *Printemps Silencieux* (1962), joue le rôle de déclencheur. Carson ne se contente pas de dénoncer l'usage du DDT et la destruction de la biodiversité : elle réintroduit une voix sensible, inquiète, presque poétique, dans un discours qui risquait de rester confiné aux laboratoires. L'écologie devient une alarme. Une cause. Et surtout : une émotion.

À partir de là, tout s'accélère. La marée noire de Santa Barbara (1969), la catastrophe de Seveso (1976), la fuite toxique de Bhopal (1984), puis l'explosion de Tchernobyl (1986) frappent l'opinion. Ce n'est plus une dégradation diffuse : c'est une série de chocs. Le ciel s'assombrit, les rivières moussent, les arbres meurent, les enfants naissent malformés. Le vivant n'est plus seulement fragilisé : il est agressé.

Dans ce contexte, l'écologie scientifique s'ouvre à d'autres langages. Elle devient militante, contestataire, parfois révolutionnaire. Elle fusionne avec des courants plus anciens, comme le romantisme naturel, le pacifisme, l'anticapitalisme, voire certaines formes de spiritualité alternative. Elle inspire des modes de vie (retour à la terre, communautés autogérées, alimentation bio), des mobilisations collectives (Greenpeace, les Amis de la Terre, les luttes antinucléaires), et finit par se transformer en courant politique organisé.

Ce tournant est à la fois logique et dangereux.

Logique, parce qu'il n'y a rien d'absurde à vouloir défendre ce que l'on comprend, à agir pour ce que l'on aime. L'écologie, à cette étape, est une forme d'élargissement du souci : on veut protéger la nature, la protéger, la restaurer, parfois même la réparer. On ne se contente plus de l'observer.

Mais dangereux, parce que dans ce passage de l'analyse à l'action, quelque chose se perd : la complexité. Le monde vivant ne se laisse pas facilement instrumentaliser par des slogans. L'écosystème n'est pas un programme politique. Et l'amour de la nature ne se réduit pas à un vote.

Or, une fois l'écologie entrée dans le jeu politique, elle en subit les règles : clivage, compétition, communication, simplification. On la transforme en drapeau, en posture, en identité.

Alors qu'elle aurait dû unir — elle divise. Alors qu'elle devrait ralentir — elle excite. Alors qu'elle exige du soin — elle devient norme.

La captation du discours : quand la politique travestit la nature

La politique est une machine à recycler les mots. Elle prend les termes vivants, les expressions nées d'un contact direct avec le réel, et les injecte dans ses circuits. Elle en fait des éléments de langage. Des slogans. Des alibis.

L'écologie n'y a pas échappé.

À mesure qu'elle s'installe dans le champ politique, elle devient ce que la politique fait de tout : un outil. Un outil de distinction — entre les « éveillés » et les « retardataires ». Un outil de domination — par le discours, par la norme, par le pouvoir. Un outil de communication — à coups de symboles, de formules, de postures.

La nature, dans les discours officiels, n'est plus ce qu'on ressent, ce qu'on explore, ce qu'on habite. Elle devient un concept. Une abstraction. Une ligne dans un programme. Une photo en arrière-plan d'un discours de vœux. Un décor de sommet international.

On repeint des politiques de contrôle en mesures vertes. On transforme une taxe en geste climatique. On vend une voiture neuve comme un acte militant. On habille des décisions impopulaires de vocabulaire écologique : « transition », « résilience », « urgence », « sobriété », « croissance verte ». Même les bombes se repeignent en vert quand il le faut.

Ce travestissement n'est pas une erreur de communication. C'est une stratégie. Il s'agit ici d'instrumentaliser une sensibilité largement partagée — le souci du monde vivant — pour renforcer des politiques souvent déconnectées de ce même vivant. De recouvrir des logiques économiques, urbaines, industrielles, fiscales, d'un voile de vertu écologique.

Un exemple parmi d'autres : la taxe carbone. En soi, l'idée est défendable. Mais lorsqu'elle s'applique sans concertation, sans mesure, sans prise en compte des réalités rurales ou périphériques, elle devient un levier de colère. Car ce n'est pas le signal écologique qui est rejeté, c'est sa manière d'être imposé. Son mépris des conditions de vie concrètes. Sa façon de dire « tu dois » sans jamais dire « nous comprenons ».

C'est ainsi que l'écologie politique s'est peu à peu coupée du sol, au sens propre comme au sens figuré.

Elle parle au nom de la nature, mais depuis les hauteurs. Elle s'exprime depuis les grandes métropoles, les conférences internationales, les think tanks, les plateaux télé. Elle dit : « il faut consommer local » — depuis un studio climatisé de la capitale. Elle dit : « il faut renoncer à la voiture » — à ceux qui n'ont plus de gare. Elle dit : « il faut produire moins » — sans proposer d'alternative à ceux qui vivent de la production. Elle dit : « il faut interdire » — en croyant éduquer.

Mais l'interdit ne vaut rien sans la relation. La norme ne produit rien sans l'adhésion. L'écologie devient alors l'un des visages les plus visibles d'un pouvoir qui a cessé d'écouter. Un pouvoir qui ne dit pas : « regardons ensemble ce qui s'effondre », mais : « vous n'avez pas compris ce qui est bon pour vous ».

Et alors quelque chose se retourne.

Là où la nature aurait dû rassembler — elle devient clivante. Là où elle portait un imaginaire commun — elle devient le théâtre d'un ressentiment. Non pas contre elle, bien sûr. Mais contre ceux qui s'en réclament tout en imposant. Contre ceux qui parlent d'écosystèmes depuis des tours de verre. Contre ceux qui parlent de sobriété depuis des plateaux chauffés à blanc. Contre ceux qui parlent du vivant sans y vivre.

Ainsi est née cette figure haïssable : l'écologie punitive. Technocratique. Culpabilisante. Elle n'est pas née d'un désir de nuire, mais d'un divorce. Un divorce entre deux sphères : celle du vivant et celle du pouvoir. Celle du sensible et celle de la norme. Celle de la terre et celle du verbe.

Et ce divorce produit ses effets : colère, fatigue, rejet.

Pendant que les tribunes s'indignent, les champs s'assèchent. Pendant que les partis se disputent le récit écologique, les insectes disparaissent. Pendant que les plateaux télé agitent des polémiques de posture, les campagnes se vident. La nature ne meurt pas sous les cris des climatosceptiques : elle s'effondre dans l'indifférence produite par les excès inverses. L'excès de signal. L'excès de posture. L'excès de contrôle.

Ce n'est pas la science qui est rejetée. C'est son usage politique. Ce n'est pas le vivant qui est nié. C'est la manière dont on s'en sert pour faire taire.

Alors que l'écologie aurait pu être un langage du lien, elle devient une rhétorique de l'imposition. Une morale sans chaleur. Un devoir sans désir.

Chiffres, injonctions et anxiété : quand la raison oublie la vie

Dans le vide laissé par la relation sensible à la nature, on a mis des données. Des rapports. Des courbes. Des échéances. Des pourcentages. Des scénarios. Des acronymes.

On a voulu objectiver la catastrophe. Quantifier l'effondrement. Rendre visible l'invisible par le chiffre — parce que le chiffre, croit-on, est neutre. Incontestable. Inattaquable. C'est la rationalité contre l'aveuglement. C'est la science contre la croyance. C'est le calcul contre le chaos.

Sur le fond, on ne peut qu'approuver : mieux vaut des données que des fantasmes. Mieux vaut des modèles. Mieux vaut savoir que nier. Les rapports du GIEC, les projections climatiques, les mesures de la biodiversité sont des trésors de travail, de rigueur, de lucidité. Ils disent la vérité d'un monde qui souffre.

Mais il faut dire aussi ceci : les faits ne suffisent pas.

Les chiffres sont nécessaires, mais pas suffisants. Ils montrent, mais ne touchent pas. Ils avertissent, mais ne mobilisent pas. Car on n'agit pas pour un graphique. On n'aime pas un pourcentage. On ne pleure pas pour une moyenne mondiale. Le cerveau enregistre, mais le cœur reste sec.

Il y a une différence profonde entre *comprendre* et *ressentir*. On peut savoir que les insectes disparaissent sans jamais avoir vu un papillon de nuit voler dans la cuisine. On peut lire que les forêts brûlent sans jamais avoir entendu crépiter un feu de branches mortes. On peut intégrer que les glaciers fondent sans jamais avoir marché sur une neige vierge.

Et cette dissociation est le vrai drame.

Dans l'éducation, dans les médias, dans les politiques publiques, on a délaissé l'expérience. On a misé sur la connaissance. Sur l'alerte. Sur la répétition. On a martelé que « la maison brûle ». On a répété qu'il fallait « changer maintenant ». On a prédit l'irréversible, l'insoutenable, l'apocalyptique.

Mais à force d'alerter, on épuise. À force de répéter, on désensibilise. À force de brandir l'urgence, on génère le repli.

La parole écologique, peu à peu, est devenue une parole de l'inquiétude. Une parole asséchée. On y trouve peu de joie. Peu de désir. Peu de lien. Elle parle de limiter, d'interdire, de réduire, de renoncer. Rarement d'habiter, de contempler, de retrouver, de vivre autrement. Elle parle de seuils, d'émissions, d'équilibres à ne pas dépasser — mais rarement d'arbres, d'odeurs, de chants d'oiseaux, de nuages. Elle parle du monde comme d'un système. Pas comme d'un lieu.

Et surtout : elle parle souvent **contre**. Contre les avions. Contre la viande. Contre la voiture. Contre les touristes. Contre les baby-boomers. Contre la croissance. Contre la fête. Contre la lumière. Contre le confort. Contre la liberté, parfois.

Ce n'est pas que ces critiques soient illégitimes. Certaines sont urgentes. D'autres sont caricaturales. Mais la forme qu'elles prennent finit par dessiner un monde sans joie. Un monde d'interdits. Un monde à éviter plus qu'à aimer.

La peur est utile pour fuir un danger immédiat. Elle n'est pas une boussole. Elle ne dit pas où aller. Elle ne donne pas la direction d'un monde habitable. Et surtout, elle lasse. Elle tétanise. Elle fatigue. Elle produit soit l'angoisse, soit la fuite — souvent les deux. Beaucoup décrochent non parce qu'ils sont égoïstes, mais parce qu'ils sont submergés.

On a voulu changer les comportements sans nourrir l'imaginaire. On a voulu faire évoluer les habitudes sans toucher les âmes. On a cru que les citoyens étaient des ordinateurs : il suffirait d'entrer la bonne donnée pour obtenir la bonne réaction.

Mais l'être humain ne fonctionne pas ainsi. Il agit par attachement. Par désir. Par imitation. Par élan. Il change quand il sent que ce changement le rend plus vivant, pas quand on lui dit qu'il est mauvais.

La crise écologique est donc aussi — et peut-être d'abord — une **crise du sensible**. Une crise de la relation au monde. Une crise de la perception, de l'émerveillement, de la mesure. Elle exige une conversion de regard plus qu'un ajustement de courbes. Une reconfiguration de notre manière d'être au monde, pas seulement de consommer.

Il ne s'agit pas de renier la science. Ni de refuser la rationalité. Il s'agit de leur redonner une place juste — non pas comme unique langage du réel, mais comme un langage parmi d'autres. Il faut **réconcilier l'intelligence avec la sensibilité**. Le calcul avec la contemplation. Le constat avec la poésie.

Ce que nous avons perdu, ce n'est pas seulement une nature vivante. C'est un monde habitable.

Ce malentendu est central. Tant qu'on parlera d'écologie comme d'une menace ou d'un fardeau, elle restera rejetée. Tant qu'on l'imposera par le haut, elle sera sabotée par le bas. Tant qu'on oubliera de faire aimer ce qu'on prétend sauver, on ne sauvera rien.

La suite du livre explorera cette question : **pourquoi ne ressent-on plus rien pour la nature ?** Pourquoi n'y a-t-il plus de lien intime, charnel, direct avec elle ? Pourquoi la nature est-elle devenue un problème, et non plus une présence ?

L'OUBLI DU RÉEL

Quand la nature devient un tableau Excel

Il y a dans le discours écologique contemporain une dérive presque imperceptible, mais redoutable : à force de vouloir prouver, on a oublié d'émouvoir. À force de compter, on a cessé de contempler. On a cru que pour protéger la nature, il fallait d'abord la convertir en données. Et c'est ainsi que la nature est devenue un fichier. Une base de données. Une série d'indicateurs.

On aligne les tonnes de CO_2, on modélise les émissions futures, on trace des courbes, on parle de pourcentages de surfaces déforestées, de taux d'acidification des océans, de scénarios de +1,5 °C ou +3 °C. On remplit des colonnes. On superpose des couches d'information. L'Amazonie devient un chiffre. Le climat devient une modélisation. Le vivant devient un diagnostic.

Cette approche n'est pas absurde. Elle repose sur des savoirs solides. Elle a sa nécessité. Il faut des chiffres pour convaincre, pour comparer, pour alerter. Mais le problème n'est pas la donnée en elle-même. C'est son emprise. Son absolutisme. Sa froideur. C'est l'effacement de tout ce qui ne se mesure pas : la sensation, le trouble, l'attachement, la poésie.

À force de tout quantifier, on a asséché le monde. L'univers est devenu un tableau Excel. Il n'a plus de profondeur, plus de mystère, plus d'ombre. Il n'est plus traversé par le vent ou habité par des chants : il est balisé, répertorié, administré.

On a remplacé la parole de ceux qui vivaient la nature — paysans, pêcheurs, forestiers, promeneurs, poètes — par le jargon des consultants. On a remplacé les gestes par les métriques. Le silence d'une montagne par les indices de son « capital naturel ». Le chant d'un merle par la courbe de déclin de son espèce.

Le vivant est devenu une affaire de gestionnaires.

Et ceux-ci ont leur langue, leur caste, leur clergé. Ce sont les nouveaux technocrates de la soutenabilité. Ils manient des concepts précis, abstraits, glacés : empreinte carbone, compensation, quota carbone, indicateur ESG. Ils parlent « de flux », jamais de feuillages. D'unités de services, jamais de mystère. Ils savent tout sur la régulation des systèmes complexes, mais n'ont jamais attendu l'aube dans une clairière. Ils ont lu les rapports du GIEC, mais n'ont pas de souvenir d'enfance avec un arbre. Ils connaissent la Terre comme un ordinateur connaît une photographie : en pixels. Jamais en frissons.

Le plus grave n'est pas qu'ils soient indifférents. C'est qu'ils croient bien faire.

Mais un monde qui se laisse décrire sans se laisser aimer est un monde déjà perdu.

À force d'optimiser, on a oublié d'habiter. À force de simuler, on a cessé de vivre. À force de mesurer, on a éteint l'émotion. Or, c'est l'émotion — toujours — qui précède la volonté. Aucun graphique n'a jamais donné envie de changer sa vie. Aucun tableur n'a jamais provoqué de révolution intérieure. Ce qui bouleverse, ce qui déplace, ce qui engage, c'est l'éclat d'une lumière. Le passage d'un oiseau. Le goût d'une fraise cueillie. Le souvenir d'un vent sur la peau.

Le monde n'a pas besoin de plus d'analystes. Il a besoin de présence.

La déconnexion sensorielle

Il existe un phénomène silencieux, quasi invisible, mais d'une portée immense : la rupture sensorielle entre les êtres humains et le monde naturel. Une déconnexion non pas idéologique ou théorique, mais charnelle. Sensorielle. Une rupture de peau, de souffle, de sol.

Des générations entières grandissent aujourd'hui dans un monde sans extérieur véritable. Elles vivent dans des villes où le ciel est mangé par les toits, les néons, les lignes électriques. Elles marchent sur des sols artificiels, bitumés, lavés, uniformisés. Elles dorment entre des murs qui ne laissent plus rien entrer : ni la lumière crue, ni les odeurs de terre, ni le froid. L'hiver est une abstraction. La nuit aussi. L'humidité, un incident. Le silence, une angoisse.

Dans ce monde-là, on ne regarde plus la nature. On la consulte. On l'effleure sur un écran. On la consomme en images. On la découvre en vidéos pédagogiques, en « documentaires immersifs », en zoos numériques. On connaît les koalas, mais on ne sait pas marcher sur un sol irrégulier. On sait ce qu'est une banquise, mais on n'a jamais ressenti la morsure du vent. On connaît le nom du loup, mais on n'a jamais écouté le bruissement d'un rongeur dans les feuilles mortes.

Et cette distance est terrible. Elle ne fait pas que déformer la perception. Elle rend indifférent. Elle rend abstrait. Elle déshumanise notre rapport au monde.

Car c'est dans la sensation que naît l'attachement. C'est dans le corps que s'impriment les souvenirs. C'est dans l'expérience du dehors — inconfortable, imprévisible, vivante — que se tisse le lien qui fait qu'un jour, on se sent responsable. On ne défend que ce qu'on a connu. Et on ne connaît que ce qu'on a éprouvé.

L'écologie contemporaine, elle, continue à parler au cerveau. Elle empile les arguments, les chiffres, les injonctions. Mais elle oublie d'éveiller. Elle oublie le contact, la surprise, l'initiation. Elle oublie que le chemin qui mène à l'engagement est aussi un chemin de sensations.

Les enfants n'ont pas besoin d'un discours sur la biodiversité. Ils ont besoin de sauter dans des flaques. D'avoir peur d'un orage. De grimper dans les arbres. De se salir. De sentir une fleur et d'être déçus. De goûter une mûre trop acide. De vivre.

Car c'est cela, le monde réel : un mélange de beauté et de gêne, de risques et d'émerveillements. Et c'est cela qu'il faut retrouver.

Il ne suffit pas de dire que la nature est précieuse. Il faut qu'elle nous manque. Et pour qu'elle nous manque, il faut l'avoir aimée. Et pour l'aimer, il faut l'avoir touchée.

L'oubli du beau

Il y a un mot que l'on n'ose plus dire dans les discours sur l'environnement : la **beauté**.

Comme si le beau était un luxe. Une distraction. Un supplément d'âme inadapté aux temps de crise. Comme si l'urgence écologique devait se formuler uniquement en termes de calculs, d'efforts, de renoncements, de disciplines. Le beau serait alors un résidu bourgeois, romantique, inutile.

Et pourtant.

Rien ne change profondément sans le beau. Rien ne se transforme durablement sans l'élan du désir.

Le beau ne sauve pas, sans doute. Mais il ouvre. Il appelle. Il aimante. Il donne envie de rester. De protéger.

De transmettre. Il réveille en nous la gratitude et la fidélité.

Il ne s'agit pas ici du beau académique, muséal, policé. Il s'agit du beau brut, instinctif, qui saisit. Celui d'un lever de brouillard sur un champ. Celui d'une lumière d'orage. D'un vol d'hirondelles. D'un arbre immense qui fait taire. D'un silence habité. D'un monde qui, soudain, nous regarde.

Ce regard, nous l'avons perdu. Non pas parce que nous sommes devenus cyniques, mais parce que nous sommes devenus saturés. Accaparés. Détournés. Notre œil ne voit plus : il consomme. Il zappe. Il scrolle. Il clique. Il est bombardé d'images, mais privé de regard.

Et avec lui s'est éteint un certain rapport au monde : un rapport d'émerveillement. D'offrande. De gratitude.

La nature est devenue une cause. Elle fut un chant.

Là où l'on chantait jadis les saisons, on mesure aujourd'hui les anomalies climatiques. Là où l'on sculptait les pierres pour honorer les forêts, on trace aujourd'hui des plans d'aménagements. Là où l'on écrivait sur les rivières, on produit des bulletins hydrologiques.

Nous avons remplacé le mystère par la maîtrise. La beauté par la valeur d'usage. Le symbole par la fonction.

Mais un monde sans beauté est un monde sans lien. Sans élan. Sans attachement.

Or, sans attachement, il n'y a pas d'écologie.

C'est pourquoi il faut réapprendre à dire le monde. À le célébrer. À le chanter. À en faire un récit. Un poème. Une promesse. Il faut retrouver les mots qui font naître le désir d'habiter. Pas seulement de survivre. Pas seulement d'optimiser.

Ce qui se sauve, ce ne sont pas des unités. Ce sont des présences. Ce sont des paysages, des lueurs, des matins. Ce sont des choses qu'on nomme avec la langue de l'amour, pas avec celle des rapports.

Aujourd'hui, le geste le plus radical est peut-être de réhabiliter le beau. Non comme un décor, mais comme une force. Une urgence. Un lien. Un motif. Une boussole.

Parce qu'on ne protège pas ce qui nous menace. On protège ce qui nous enchante.

La crise écologique n'est pas seulement une crise des milieux. C'est une crise des relations. Des relations au monde, aux autres, au temps. Et cette crise appelle une réponse qui ne soit pas seulement technique, ni même politique, mais éthique.

Il ne suffit pas de faire moins. Il faut faire mieux. Et pour cela, il faut penser autrement. Repenser nos gestes, nos rythmes, nos priorités. Non pour sauver une planète abstraite, mais pour habiter plus dignement la terre concrète.

Pour une écologie réconciliée

Ni dogme, ni renoncement

On peut aimer la nature sans haïr l'homme. On peut vouloir préserver sans interdire. On peut refuser le gaspillage sans sacraliser la pénurie. Bref : on peut être écologiste sans être triste.

Ce rappel, aujourd'hui, a des allures d'insolence. Car l'écologie, dans l'espace public, semble s'être figée dans une alternative caricaturale : l'alerte anxiogène ou l'indifférence climatosceptique. D'un côté, les thuriféraires de la sobriété radicale, pour qui tout plaisir est suspect ; de l'autre, les partisans de la croissance illimitée, pour qui tout effort est une menace. Entre les deux, le citoyen réel — ni moine, ni consommateur effréné — regarde le débat avec lassitude. Il n'est pas nié, il est oublié.

L'écologie a été kidnappée. Par les ingénieurs du vivant, qui pensent pouvoir modéliser le monde comme un réseau de flux. Par les partisans de la punition, qui confondent décroissance et pénitence. Et par les défenseurs de l'inertie, qui préfèrent mépriser les rapports du GIEC plutôt que leur SUV. Ces trois camps s'annulent, et dans cette cacophonie, quelque chose se perd : le sens, la confiance, et peut-être surtout, l'envie.

Pendant ce temps, les équilibres se rompent. Les forêts brûlent en février, les rivières s'assèchent en mai, les oiseaux disparaissent sans fracas. Et les mots, usés à force d'être mal employés, n'éveillent plus personne. « Durable », « vert », « transition », « résilience » : autant de coquilles vides, que l'on agite sans y croire, comme les prières d'un culte désenchanté.

Mais il n'est pas trop tard. Le désastre n'est pas certain. À condition de changer de regard. De langage. D'imaginaire. À condition de rouvrir un chemin qui ne soit ni celui du déni, ni celui du dogme. Un chemin exigeant, mais habitable. Un chemin réconcilié.

Agir sans hystérie : une sobriété joyeuse

Nous savons désormais que le monde ne pourra pas continuer comme avant. Cela ne fait plus débat — ou ne devrait plus. Mais entre la lucidité et la paralysie, il y a un gouffre : celui du découragement. Car l'écologie, trop souvent, s'est présentée comme un fardeau, un inventaire d'interdictions, une énumération de renoncements. Un futur gris et contraint, qu'on accepte par devoir, jamais par désir.

Or un projet qui ne fait pas envie ne dure pas. Personne ne s'engage dans un avenir qu'il redoute. On ne construit pas un monde habitable en le décrivant comme un camp d'entraînement.

C'est ici que l'idée de sobriété joyeuse prend tout son sens. Non pas une décroissance punitive, administrée par des experts et surveillée par des applications. Mais une manière différente d'habiter le monde, fondée non sur le sacrifice, mais sur le discernement.

Il ne s'agit pas de se flageller, mais de choisir. De faire moins, peut-être, mais mieux. Moins de déplacements absurdes, mais plus de proximité. Moins d'objets jetables, mais plus de choses qui durent. Moins de bruit, mais plus d'écoute. Une forme d'abondance réorientée, moins tapageuse, plus profonde.

Cela implique un renversement anthropologique : passer d'une logique d'accumulation à une logique d'attention. Ne plus courir après tout, mais habiter ce que l'on a. Redécouvrir que le confort ne réside pas dans la quantité, mais dans la qualité. Et que cette qualité n'est pas un luxe élitiste, mais une manière d'être présent à ce que l'on vit.

Ce n'est pas facile. Tout, dans notre société, pousse à l'inverse. La publicité. L'obsession de la vitesse. Le mythe de la réussite matérielle. L'inflation permanente des désirs. Mais une autre voie est possible. Non dans les slogans, mais dans les gestes. Dans les habitudes qu'on transforme. Dans les récits qu'on se raconte.

Et surtout, dans la manière dont on parle de l'homme. Car si l'écologie échoue à réconcilier l'humain avec lui-même, elle échouera tout court. On ne protège pas le monde en méprisant ceux qui l'habitent. On ne mobilise pas une société en lui expliquant qu'elle est une erreur. Il faut donc en finir avec la haine de soi, cette tentation apocalyptique qui fait de l'humanité un cancer de la planète. L'homme n'est ni ange, ni bête, mais un être capable. Capable de destruction, certes, mais aussi de soin, de création, d'amour.

Redonner à chacun la possibilité de choisir un mode de vie plus juste, plus sobre, plus libre : voilà l'enjeu. Non dans la contrainte, mais dans la joie. Non dans l'injonction, mais dans l'envie.

Restaurer un lien personnel avec le vivant

Tant que la nature restera une abstraction, elle ne sera pas aimée. Et tant qu'elle ne sera pas aimée, elle ne sera pas protégée.

Aujourd'hui, nous parlons de biodiversité en nombre d'espèces, de climat à outrance, de forêts en surfaces déboisées. Ces données sont essentielles, mais elles ne touchent plus. Nous savons tout, et cela ne change rien. Le savoir ne suffit pas. Il faut la chair. Il faut le lien.

Le vivant ne se défend pas par algorithmes. Il se défend par attachement. Et l'attachement ne naît que de la fréquentation.

Regarder un ciel d'orage. Suivre la trace d'un renard dans la boue. Écouter les grillons, un soir d'été, en silence. Voilà ce qui nous ancre. Voilà ce qui nous relie. Non pas une grande théorie, mais une familiarité.

Et cette familiarité, nous l'avons perdue. Non par malveillance, mais par oubli. L'école n'enseigne plus les saisons. Les villes étouffent le chant des oiseaux.

Les enfants croient que les tomates poussent dans les rayons réfrigérés. Nous avons rompu le fil — non par choix, mais par glissement. Il est temps de le renouer.

Cela commence par l'éducation. Pas l'éducation morale, culpabilisante, qui dit « Tu dois sauver le monde ». Mais celle qui éveille : « Regarde. Sens. Ressens. » Une écologie du sensible, du proche, du quotidien. Une écologie qui passe par le toucher, l'odorat, la présence.

Cela se poursuit dans les choix de vie. Réduire la vitesse. Ralentir les cadences. Reprendre contact avec le sol. Avec le temps long. Avec les êtres vivants non comme des ressources, mais comme des voisins.

Il ne s'agit pas de devenir tous paysans ou ermites. Il s'agit de se rendre disponibles. À ce qui pousse. À ce qui chante. À ce qui meurt aussi — car la nature, ce n'est pas l'idylle. C'est la vérité. Et cette vérité, nous en avons besoin, parce qu'elle nous ramène à l'essentiel : nous ne sommes pas seuls. Et nous ne sommes pas tout.

Restaurer un lien personnel avec le vivant, c'est donc une révolution tranquille. Un enracinement non pas géographique, mais existentiel. C'est retrouver une manière d'habiter le monde, non comme un maître, ni comme un touriste, mais comme un vivant parmi les vivants.

Une écologie de civilisation

Nous avons longtemps cru que l'écologie était une affaire d'ingénierie. Qu'il suffirait de bonnes lois, de bons indicateurs, de bonnes innovations. C'est faux.

L'écologie n'est pas un problème à résoudre. C'est un monde à redéfinir.

Elle n'est pas une contrainte extérieure. Elle est une question intérieure : quelle humanité voulons-nous être ? Quelle trace voulons-nous laisser ? Quelle vie voulons-nous mener ?

Ces questions sont politiques, certes. Mais elles sont aussi philosophiques, culturelles, spirituelles. Elles engagent notre rapport au temps, au corps, à la mort.

Elles exigent une transformation profonde, lente, parfois invisible. Une transformation de civilisation.

Cela suppose de repenser nos villes, nos campagnes, nos manières de produire, d'échanger, de transmettre. Mais cela suppose aussi — et peut-être surtout — de produire de nouveaux récits. De nouveaux symboles. De nouvelles fiertés.

Nous avons vécu trop longtemps sur un imaginaire de conquête, de domination, de croissance indéfinie. Il nous faut maintenant un imaginaire de présence, de soin, de maturité. Un imaginaire qui ne nie pas la modernité, mais qui l'apaise. Qui la tempère. Qui la rend humaine.

Cette écologie de civilisation ne sera pas spectaculaire. Elle ne tiendra pas en un programme. Elle ne fera pas l'unanimité. Mais elle peut faire mieux : elle peut rassembler sans uniformiser. Elle peut inspirer sans contraindre. Elle peut habiter le monde avec légèreté, sans le violenter.

Elle ne peut naître que d'une parole nouvelle. Une parole moins technique, plus poétique. Moins doctrinaire, plus incarnée. Une parole qui ne crie pas, mais qui touche.

Car c'est par le langage, au fond, que tout commence. Et c'est par la beauté, peut-être, que tout renaît.

Questions

Vous critiquez les militants écologistes, mais ne sont-ils pas les seuls à agir concrètement ?

Oui, et non. Il serait absurde de nier le courage et la persévérance de ceux qui alertent depuis des décennies, souvent dans l'indifférence ou la moquerie. Ils ont souvent eu raison trop tôt. Mais une critique n'est pas une insulte. Ce que je mets en question, ce n'est pas l'engagement, c'est l'horizon. Quand l'écologie devient une religion du pire, elle se coupe du réel qu'elle prétend sauver. Quand elle sacralise la peur, elle stérilise la pensée. On peut agir, et même avec vigueur, sans tomber dans le manichéisme ni le moralisme punitif. Une action juste commence par une vision claire. Et cette clarté manque parfois à ceux qui sont les plus sincères.

Vous évoquez souvent la nature comme une chose belle. Mais la nature, c'est aussi cruel, violent, impitoyable…

Bien sûr. La nature n'est pas une carte postale. Elle a ses lois, qui ne sont pas celles des hommes. Mais ce n'est pas une raison pour la détester ou la dominer. C'est une raison pour l'écouter. La beauté de la nature, ce n'est pas son confort. C'est sa justesse. Son équilibre parfois brutal, mais cohérent. Ce que nous avons perdu, c'est cette capacité à voir la nature comme un monde à comprendre, pas un décor à exploiter. Il ne s'agit pas d'adorer la nature, mais de réapprendre à vivre avec elle — et non contre elle.

Vous parlez beaucoup de beauté, mais la beauté ne change pas le monde, si ?

C'est une erreur tragique de croire que seuls les rapports de force transforment le réel. Les idéologies tombent. Les systèmes s'effondrent. Ce qui demeure, c'est ce qui rend la vie vivable. Et cela passe souvent par la beauté. Non pas la beauté décorative, mais la beauté comme rapport au monde. Un arbre, un silence, une pierre levée — cela ne fait pas de bruit, mais cela élève. Cela forme un regard, façonne une âme, invite à la retenue. Or, sans retenue, l'écologie n'est qu'une gestion de crise. Si l'on veut qu'une transformation soit durable, il faut qu'elle soit désirable. Et le désir ne naît pas de la peur, mais de la beauté.

Mais alors, que faire ? On attend la métamorphose des consciences sans rien faire ?

Je comprends l'impatience. Mais croire que tout s'accélère parce qu'on le veut très fort, c'est une forme de magie inversée. Bien sûr qu'il faut faire. Rénover les bâtiments, revoir notre agriculture, ralentir les flux absurdes, relocaliser. Mais le faire ne suffit pas si l'être ne suit pas. Sinon, on bricole. On change les lampes en gardant les néons. Ce que je propose, ce n'est pas l'inaction, c'est l'ajustement. Une action qui s'accorde à un monde, et pas à une stratégie marketing. La technique doit redevenir une servante, pas une idole. C'est là que commence le « que faire ».

Vous dites qu'il ne faut pas culpabiliser, mais comment changer sans une prise de conscience forte ?

La prise de conscience est essentielle, oui. Mais la culpabilité est un poison lent. Elle tétanise plus qu'elle ne mobilise. Regardez comme les discours fondés sur la honte laissent les gens soit dans la passivité, soit dans le ressentiment. Ce n'est pas efficace. Ce qui transforme vraiment, c'est la compréhension, la beauté, la cohérence. Et parfois, une exigence ferme, mais juste. Une éthique n'est pas un tribunal, c'est une direction. Il ne s'agit pas de se flageller, mais de s'ajuster. C'est la justesse qui manque, pas la punition.

Et les jeunes ? Ne sont-ils pas ceux qui devront tout porter, tout réparer ?

C'est une pression injuste qu'on leur colle. On leur dit à la fois : « c'est trop tard » et « c'est à vous de sauver le monde ». Ils n'ont rien demandé, et on leur refile la facture. Il faut les écouter, certes, mais aussi les apaiser. Les aider à trouver un chemin vivable, pas les transformer en petits soldats du climat. L'écologie ne doit pas devenir un fardeau générationnel. Elle doit être un héritage à recevoir, pas une dette à payer. Cela suppose que les moins jeunes cessent de fuir leur propre responsabilité en invoquant une « jeunesse consciente ».

Est-ce qu'il n'est pas trop tard, de toute façon ?

Peut-être. Et alors ? Vivre ne signifie pas garantir un futur parfait. Cela signifie habiter le présent avec justesse. Même si l'effondrement est en marche, ce n'est pas une raison pour précipiter le désastre. Ce n'est pas une raison pour renoncer à la beauté, à l'attention, à la transmission. Le temps qu'il nous reste n'est pas à vendre : il est à vivre. Et même si l'avenir s'obscurcit, cela ne dispense pas d'allumer une lampe. L'écologie ne sauvera peut-être pas le monde. Mais elle peut nous sauver, un peu, de notre brutalité.

Vous ne croyez pas aux solutions technologiques ? À quoi bon la science alors ?

Je crois profondément à la science. Mais je ne crois pas au scientisme. Ce n'est pas la même chose. La science découvre, explore, affine. Le scientisme prétend tout résoudre. Il transforme la connaissance en pouvoir. Or, ce que la crise écologique nous apprend, c'est justement que nous avons trop voulu maîtriser. Il nous faut des savoirs, oui, mais aussi des sages. Un monde où tout problème appelle une solution technologique est un monde où l'on ne se demande plus si ce problème devait exister. La science est précieuse. Mais la sagesse commence quand on ose lui poser des limites.

Pourquoi accorder tant d'importance au « sensible » ? L'écologie ne devrait-elle pas se fonder sur des faits objectifs, scientifiques ?

Parce qu'on ne protège jamais ce qu'on ne ressent pas. Les faits, aussi rigoureux soient-ils, peinent à toucher sans un lien affectif. On connaît depuis longtemps l'ampleur des dérèglements climatiques, la perte de biodiversité, la pollution des eaux... et pourtant cela ne suffit pas. Ce qui engage, c'est moins la courbe que le frisson. Moins le graphique que l'émotion. Il ne s'agit pas d'opposer science et sensibilité, mais de les réconcilier. Le sensible, ce n'est pas l'ennemi du rationnel : c'en est la condition humaine. Ce qui donne sens à la connaissance, c'est ce qui la rend vivante.

Vous parlez peu de « pure » politique. Pourtant, sans lois, rien ne change. Vous êtes naïf ?

Non, je suis lucide. La politique est indispensable. Mais elle n'est pas première. On fait croire que tout est institutionnel, que tout se joue à coups de réglementations et de COP. Or, sans une culture partagée, les lois tombent à plat. Il faut évidemment des règles. Mais il faut surtout des raisons d'y consentir. Et ces raisons ne se fabriquent pas dans les bureaux : elles naissent dans les récits, les paysages, les gestes du quotidien. C'est une écologie politique, mais au sens fort du mot *polis* : une cité à habiter ensemble, pas une administration à optimiser.

Votre livre n'est-il pas au fond orienté politiquement ?

C'est le drame de notre époque : on ne peut plus dire « nature », « silence », ou « mesure » sans être classé. Comme si penser autrement, c'était forcément voter quelque part. Mais l'écologie n'est pas un drapeau. Elle n'est ni de droite, ni de gauche, ni du centre, ni d'ailleurs. Elle est antérieure. Plus fondamentale. Elle parle d'air, d'eau, de vivant, de paysages, de liens. Et cela traverse les clivages. Ce sont les postures idéologiques qui polluent l'écologie, pas l'inverse. Je refuse les étiquettes parce que ce sont des cages. Et je préfère l'altitude à l'alignement. Mon seul parti, c'est celui du réel.

Vous parlez beaucoup de lien, mais très peu de spiritualité. Est-ce volontaire ?

Oui et non. Ce livre n'est pas un traité spirituel. Mais il en porte, sans doute, une tonalité. Parce que la question écologique touche à l'essentiel : pourquoi sommes-nous là ? Comment habiter sans abîmer ? Comment exister sans occuper toute la place ? Ces questions ne sont pas techniques, ni politiques, mais existentielles. Elles frôlent la métaphysique. Et pourtant, il n'est pas nécessaire de croire en Dieu pour éprouver du sacré. Il suffit parfois de s'émerveiller devant une pluie, une graine, une naissance.

Est-ce que votre écologie ne repose pas sur une certaine forme d'élitisme culturel ? Une nostalgie des lettrés ?

Je comprends cette critique. Mais je ne pense pas que l'émerveillement soit une affaire de diplôme. Ni que la justesse soit réservée aux lettrés. Les paysans, les artisans, les anciens ont souvent plus de sagesse écologique que beaucoup de technocrates diplômés. Ce que je tente de faire, c'est de redonner des mots à ce savoir diffus, populaire, incarné. Si la culture peut aider à nommer, elle ne doit jamais séparer. L'écologie ne sera pas une affaire d'élite, ou elle sera un échec. Il faut remettre de la beauté partout — et pour tous.

Vous opposez souvent la ville et la campagne, mais tout le monde ne peut pas vivre à la campagne. Vous idéalisez ?

Je n'oppose rien, je constate des carences. La ville peut être vivable. Elle peut même être belle, dense, intense. Mais notre urbanisation actuelle est hors-sol, bruyante, consumériste. Il ne s'agit pas de fuir la ville, mais d'y remettre de la mesure, du silence, du vivant. Une campagne désertée et artificialisée n'est pas mieux. Ce que je défends, c'est une culture du lieu.

Que chacun puisse s'ancrer quelque part. Pas forcément dans une ferme isolée, mais dans une trame de relations humaines, sensibles, concrètes. On peut habiter en ville sans mépriser les saisons.

Et ceux qui n'ont pas les moyens de faire des choix écologiques ? N'est-ce pas un luxe de privilégiés ?

C'est une vraie question. Et une question d'injustice. Mais attention : on confond souvent « consommation verte » et écologie. L'écologie véritable, ce n'est pas acheter plus cher, c'est consommer moins. Moins de plastique, moins de gadgets, moins de vitesse. Or, cette sobriété-là est souvent plus accessible qu'on ne le croit. Elle demande du temps, pas de l'argent. Ce qui coûte, c'est la frénésie, pas la simplicité. Et il ne faut pas oublier que les plus pauvres sont souvent les premières victimes des dérèglements.

Pourquoi parlez-vous si peu de transition énergétique ? C'est pourtant central.

Parce que je crois que les mots techniques, s'ils ne sont pas incarnés, deviennent des écrans de fumée. La « transition énergétique » est indispensable, bien sûr. Mais c'est une expression devenue trop abstraite. Comme si le simple remplacement d'un moteur thermique par un moteur électrique allait suffire. Ce n'est pas d'une transition que nous avons besoin, c'est d'une mutation. Une conversion du regard, des besoins, des désirs. L'énergie n'est pas une simple question de watts : c'est une question de rythme, d'usage, de sens. Tant qu'on ne s'attaque pas à ça, on aménage le désastre.

En quoi votre livre serait-il utile ? Il ne donne aucune solution pratique...

Je ne donne pas de mode d'emploi, non. Il y en a déjà trop. Mon but n'est pas d'ajouter une marche de plus à l'escalier des injonctions. Il est de prendre de la hauteur. De remettre du sens. De poser les bonnes questions. Si ce livre peut contribuer à désembuer les regards, à réconcilier des choses qu'on croyait opposées, à redonner un peu de goût au monde, alors il aura été utile. Parfois, il faut cesser d'agir un instant pour mieux voir.

Finalement, l'écologie que vous décrivez, c'est une morale ? Une nouvelle norme ?

Non, c'est une manière d'habiter. Une morale impose, une manière propose. Il ne s'agit pas de dire ce qu'il faut faire à tout prix. Il s'agit d'inviter à regarder autrement. À sentir autrement. L'écologie que je défends n'est pas une liste d'interdits, mais une poétique de la vie. Elle ne commande pas, elle éveille. Elle ne régente pas, elle réenchante. Elle ne dresse pas, elle relie. Et chacun, selon sa place, ses moyens, son histoire, peut en trouver le chemin. Ce n'est pas une morale. C'est une sensibilité — rendue urgente par l'époque.

Pourquoi tant insister sur le silence ? Ce n'est pas un peu mystique ?

Ce n'est pas mystique. C'est vital. Le silence n'est pas seulement l'absence de bruit : c'est la condition d'une présence réelle. Dans le silence, on entend. On perçoit. On se relie. Or, nous vivons dans une époque saturée — de sons, d'images, de stimulations. Et cette saturation nous coupe du monde. Elle nous rend sourds à la vie discrète, celle des insectes, du vent, des feuilles, des autres. Réapprendre à faire silence, ce n'est pas fuir la modernité : c'est redevenir poreux. Réceptif. Disponible.

Vous n'avez pas peur de paraître naïf, voire un peu déconnecté ?

Si, bien sûr. C'est le risque. Mais la lucidité n'est pas forcément cynique. Et la naïveté n'est pas toujours un défaut. Ce qu'on appelle « réalisme », aujourd'hui, c'est souvent un fatalisme habillé. On dit que le monde est ainsi, et qu'il faut s'adapter. Mais si le monde va mal, pourquoi s'y adapter ? Je préfère paraître naïf en défendant la lenteur, la gratitude, l'émerveillement, que lucide en organisant le désas-

tre. L'enjeu, ce n'est pas de paraître moderne. C'est
d'être habitable. Et ça demande parfois de nager à con-
tre-courant.

**Pourquoi refusez-vous de parler de « sacrifice » ?
Il faudra bien renoncer à beaucoup, non ?**

Oui, mais le mot « sacrifice » est piégé. Il sent la
punition, la privation, la douleur imposée. Or, il ne
s'agit pas de cela. Il s'agit de choix. De préférences réa-
justées. Est-ce un sacrifice que de retrouver le silence ?
Est-ce une punition que de manger mieux, moins vite,
moins loin ? On sacrifie quand on perd quelque chose
d'essentiel. Mais si l'on y gagne en profondeur, en relations, en paix intérieure, alors ce n'est pas un sacrifice. C'est une libération. Il faut sortir du vocabulaire
doloriste : l'écologie n'est pas une messe à célébrer dans
la culpabilité.

**Vous ne parlez jamais d'effondrement. Pourtant,
c'est un scénario de plus en plus pris au sérieux...**

Parce que l'effondrement est un mot piégé. Il tétanise autant qu'il fascine. Il nourrit l'angoisse plus que la clarté. Bien sûr, les signaux sont là. Les équilibres sont précaires. Mais le rôle d'un penseur, d'un écrivain, n'est pas de prophétiser la ruine : c'est de dégager les voies de sens, même dans la brume. Je ne nie pas les risques. Mais je crois que le plus grand effondrement, aujourd'hui, est intérieur. C'est celui du lien. De l'attention. De la joie. Et c'est cela qu'il faut reconstruire, d'abord. Le reste viendra ensuite.

Vous semblez parler au nom d'une « sagesse ». Mais qui êtes-vous pour dire ce qui est juste ou bon ?

Je ne parle au nom de rien. Je propose un regard, pas une vérité. Ce que je cherche, c'est un langage pour dire ce que beaucoup ressentent confusément : que quelque chose ne va pas, que nous vivons à contretemps, à contre-sol. Je n'ai pas de leçons à donner. Seulement un fil à tendre. Libre à chacun de le saisir. La justesse ne se décrète pas. Elle se découvre.

Elle s'affine. Et ce que je crois juste aujourd'hui, je le tiendrai en question demain. C'est le prix de l'honnêteté.

Vous dites qu'il faut « réconcilier ». Mais certaines tensions sont irréconciliables, non ?

Certaines, oui. Il ne s'agit pas de tout harmoniser dans un grand bain tiède. Il y a des conflits, des divergences, des choix douloureux. Mais beaucoup de tensions que nous croyons irréconciliables sont en fait des fractures mal posées.

Entre science et art, il n'y a pas d'antinomie. Entre technique et mesure, il peut y avoir alliance. Entre modernité et enracinement, un équilibre. La réconciliation n'est pas un déni du réel, c'est une exigence de complexité. De nuance. De courage. Et c'est cette voie du tissage que j'essaie de défricher.

En un mot, qu'est-ce que vous voudriez que votre lecteur retienne ?

Qu'il n'est pas trop tard pour habiter autrement. Qu'il n'est pas trop tard pour se souvenir que la vie vaut d'être vécue, même dans un monde abîmé. Et que la beauté, même menacée, demeure un appel. L'écologie n'est pas un ultimatum, c'est une invitation. À vivre moins vite, mais plus juste. Moins plein, mais plus proche. Moins haut, mais plus profond. Il n'y a pas de recette. Seulement une direction. Et cette direction, chacun peut l'épouser, à sa manière.

Petit lexique

Nature

« La nature », dit-on, comme s'il s'agissait d'un tout homogène, paisible, offert. Comme si le mot suffisait à désigner un objet clair, immédiat, indiscutable. Or c'est tout l'inverse : la nature est un des concepts les plus ambigus, les plus piégés, les plus malléables de notre vocabulaire.

Pour les uns, elle est le règne de l'ordre, de l'harmonie, du vivant en équilibre. Pour d'autres, elle est la jungle, la loi du plus fort, la lutte sans merci. Elle est tantôt le paradis perdu, tantôt le chaos primitif. Tantôt un modèle à imiter, tantôt un danger à dompter. Tantôt la douceur, tantôt la cruauté. Elle est tout... et son contraire.

En nommant « la nature » ce qui n'est pas nous, nous avons entretenu une illusion fondamentale : celle de la séparation. Comme si l'humain en était sorti, un jour, par miracle ou par malédiction. Comme s'il n'en faisait plus partie. Comme si la nature, désormais, était un décor, un objet extérieur, un ailleurs à gérer, sauver, réguler.

Ce geste de langage n'est pas innocent. Il a permis l'exploitation au nom du progrès. Permis la sacralisation au nom de l'écologie. Dans les deux cas, on a coupé le lien. Soit pour dominer, soit pour vénérer. Mais dans les deux cas, on a oublié d'habiter.

La vérité est moins spectaculaire : il n'y a pas la nature d'un côté, et l'homme de l'autre. Il n'y a que des continuités, des relations, des interdépendances. L'humain est un être de culture, certes. Mais sa culture est issue du vivant, portée par lui, nourrie par lui.

Parler de nature, donc, c'est d'abord prendre acte de notre appartenance. Non pour nous y fondre

comme des animaux oublieux, ni pour nous en ex-
clure comme des dieux déchus. Mais pour y trouver
une mesure. Une échelle. Un rythme. Une manière
d'être au monde qui ne soit ni conquête ni capitula-
tion, mais alliance.

Écologie

Voilà un mot qui, à force d'être répété, s'est vidé de
son nerf. On le colle partout. Sur les programmes
politiques, les étiquettes de lessive, les discours d'entreprise, les pancartes de manif. Il est devenu slogan,
posture, logo — tout sauf ce qu'il était au départ : une
science humble, une attention aux milieux, un regard
patient sur les relations qui tissent le vivant.

Car à l'origine, l'écologie n'est pas une injonction.
C'est une étude. Le mot vient du grec *oikos*, « la maison », et *logos*, « le discours ». L'écologie, donc, c'est
la science de l'habitat — l'étude des équilibres, des
interdépendances, des chaînes subtiles qui relient les
êtres entre eux et avec leur milieu. C'est une science
des liens, pas des leçons de morale.

Et pourtant, nous en avons fait une idéologie. Avec ses dogmes, ses héros. Une écologie culpabilisante, culpabilisée, idéologisée. Parfois naïve, parfois autoritaire, mais toujours prise dans la même contradiction : vouloir sauver la nature en s'opposant aux hommes.

Mais la nature ne se sauve pas. Elle se comprend, elle s'habite. L'écologie véritable n'est pas un contre-progrès. Ce n'est pas une croisade contre l'humain, ni une invitation à vivre comme des ermites. Elle n'est pas non plus une foi verte, un nouveau clergé distribuant indulgences et blâmes. Ce n'est pas une éthique de la punition.

C'est une forme de lucidité. Une prise de conscience radicale de notre finitude, de notre dépendance aux autres formes de vie, de la fragilité des systèmes complexes. Elle ne dit pas « il faut », elle dit « voilà ce qui est ». Elle ne hurle pas au désastre, elle décrit les liens qui se distendent, les milieux qui s'effondrent, les seuils qu'on franchit sans retour.

L'écologie, alors, n'est pas l'ennemie de la technique. Elle est son garde-fou. Elle n'est pas contre l'humain, elle est pour l'humain qui se souvient qu'il n'est pas tout. Elle est la mémoire de ce qui nous excède. La mémoire de ce que nos algorithmes ne savent pas simuler. De ce que nos machines ne remplaceront jamais : le bruissement d'un bois après la pluie, la régularité des marées, la lenteur des saisons.

L'écologie, dans ce sens, n'a pas besoin de majuscule. Elle n'est pas un drapeau. Elle est un style d'attention. Une manière de vivre dans un monde où tout est lié, sans chercher à dominer ce lien, ni à le nier.

Biodiversité

Mot discret, et pourtant vertigineux. Il dit tout ce que le monde contient de diversité, de formes de vie, d'histoires évolutives. Derrière lui, une infinité de gestes, de langages, d'adaptations, de modes d'existence. Des lichens et des grenouilles, des oiseaux de mangrove et des bactéries marines. La biodiversité, c'est la bibliothèque du vivant.

Mais voilà : ce mot, on le prononce souvent comme un chiffre ou une statistique. Une courbe qui baisse. Une alerte de plus dans le vacarme des désastres annoncés. « La biodiversité s'effondre », dit-on. Mais qu'est-ce que cela veut dire, vraiment ? Que nous perdons des espèces que nous ne connaissions même pas, que des équilibres subtils sont brisés sans retour, que les relations entre les êtres vivants deviennent silencieuses, faute d'interlocuteurs.

La biodiversité, ce n'est pas une collection d'animaux exotiques. Ce n'est pas un bestiaire pour enfants curieux. C'est une trame. Un tissu vivant dont nous faisons partie. Chaque espèce, chaque variété, chaque champignon, chaque insecte invisible au regard est une maille dans ce tissu. Et quand trop de mailles se défont, le tissu ne se répare pas. Il se déchire.

Mais surtout, la biodiversité n'est pas là pour nous servir. Elle ne vaut pas seulement parce qu'elle nous apporte des services « écosystémiques ». Elle a une valeur propre, irréductible. Elle existe avant nous, malgré nous, au-delà de nous. Elle n'a pas besoin d'être utile pour mériter le respect. Ce n'est pas une banque de données génétiques, ni un réservoir de molécules brevetables. C'est le témoignage de la créativité du vivant.

Protéger la biodiversité, ce n'est pas seulement empêcher des extinctions. C'est refuser de vivre dans un monde simplifié. Un monde monocorde, rétréci, pauvre. C'est préserver la surprise, le foisonnement, l'inattendu.

Croissance

On en parle comme d'un totem. Un indicateur fétiche. Si le PIB monte, tout va bien. Si la croissance stagne, c'est la crise. La croissance est devenue synonyme de santé, de vitalité, de progrès. Mais on oublie de dire une chose : dans la nature, rien ne croît indéfiniment. Tout organisme qui croît sans limite finit par détruire son propre milieu. Cela s'appelle un cancer.

La croissance, au fond, n'est pas un problème en soi. C'est la croissance pour la croissance qui pose problème. Quand on ne sait plus pourquoi on croît. Quand l'économie se met à enfler sans but, comme une bulle qui grossit pour le seul plaisir de son volume. Une société peut-elle croître sans fin dans un monde fini ? La question est posée depuis longtemps. On l'écoute à peine.

Le vrai scandale, ce n'est pas de remettre en cause la croissance. C'est de l'avoir confondue avec le bonheur. Avec la dignité. Avec la justice. On a cru que l'abondance de biens matériels conduisait au bien moral. Mais une société qui produit toujours plus, en consommant toujours plus, pour jeter toujours plus, est-elle réellement une société « avancée » ? Ou seulement une société ivre ?

Il est peut-être temps de réhabiliter d'autres mots : suffisance, maturité, équilibre. Une économie qui ne croît pas n'est pas une économie morte. Elle est peut-être, au contraire, une économie adulte. Une économie qui sait se contenter. Qui ne cherche pas à grossir, mais à fleurir.

Progrès

C'est le mot le plus chargé de tout le lexique. Il sent la lumière, l'émancipation, la conquête. Il évoque les grandes découvertes, les vaccins, les révolutions industrielles, les droits arrachés, les machines domptées. Il est associé au mouvement, à l'avenir, à la sortie des ténèbres. Et pourtant.

Le progrès, dans sa version simplifiée, est devenu une religion. Il avance, dit-on. Mais vers où ? On le célèbre, mais on oublie de le juger. Comme s'il était bon par nature, comme si tout changement technique portait en lui une amélioration humaine. Or, ce n'est pas parce qu'on peut faire quelque chose qu'il faut le faire. L'accélération n'est pas un critère moral.

Le vrai progrès, ce n'est pas d'ajouter des couches de technologie à des problèmes qu'on a soi-même créés. Ce n'est pas de remplacer le monde par sa simulation. Ce n'est pas de croire que la solution est toujours dans l'innovation, jamais dans la mémoire. Le vrai progrès, c'est de savoir ce qui mérite d'être transmis. C'est de savoir s'arrêter. De faire retour.

Le progrès, alors, doit être redéfini. Il ne peut pas être un mot-valise pour justifier l'injustifiable. Il ne peut pas s'évaluer seulement en gains de productivité. Il doit inclure le bien-vivre, la beauté, la paix intérieure, l'habitabilité du monde. Ce n'est pas la vitesse qui compte, c'est la direction.

Transition

C'est un mot rassurant. Il évoque une traversée, un passage maîtrisé d'un point A à un point B. Une « transition énergétique », une « transition écologique » : cela sonne doux, presque fluide. Mais la réalité est souvent plus rugueuse que les métaphores. Une transition suppose qu'on sache d'où l'on vient, et surtout où l'on va. Or, c'est précisément ce second point qui manque.

On parle de transition comme on parlerait d'une rénovation : on garde les fondations, on change quelques éléments, et on continue. Mais une transition authentique, c'est souvent une mue. Un renoncement. Un bouleversement plus profond que ce que le mot suggère. Si la « transition » ne change que les outils — sans modifier les buts, les désirs, les habitudes — alors elle ne fait que recouvrir l'ancien de neuf.

Il ne s'agit pas de remplacer des voitures thermiques par des voitures électriques, ni des centrales à charbon par des éoliennes. Ce n'est pas une question de support, mais de rapport au monde. Ce qui devrait changer, c'est le tempo de notre civilisation, son appétit, sa conception de l'abondance. Une transition digne de ce nom demande une conversion intérieure autant qu'un virage technologique.

Or, bien souvent, le mot « transition » est utilisé comme une incantation. On en fait un horizon flou, un avenir perpétuellement repoussé. Mais une transition permanente est une illusion d'action. Une fuite dans le vocabulaire. Il ne suffit pas de se dire « en transition » pour que quelque chose change vraiment. Il faut assumer les pertes, les conflits, les réorientations profondes. Accepter qu'un monde prenne fin pour qu'un autre puisse naître.

Développement durable

Expression paradoxale, presque oxymorique, née pour réconcilier deux mondes : celui de l'économie moderne et celui de la préservation du vivant. Deux mots qu'on a collés ensemble pour les faire cohabiter. Mais à force de vouloir plaire à tous, l'expression a fini par ne plus déranger personne. C'est un mot de conférence, un mot de rapport. Il rassure, il adoucit. Et il dissimule.

Car que signifie vraiment « durable » ? Qu'une activité puisse durer ? Qu'elle ne compromette pas l'avenir ? L'avenir de qui, au juste ? Pendant combien de temps ? Pour quelle forme de vie ? Et le « développement », est-il toujours un bien, partout, pour tous ? On a supposé que l'on pouvait tout concilier : croissance, consommation, protection de la nature. Mais c'est oublier que certains choix sont exclusifs. Que l'on ne peut pas tout avoir à la fois.

Le « développement durable », dans bien des cas, a servi à repeindre en vert ce qui ne l'était pas. Il est devenu un label, un vernis, un argument marketing.

On vend du « durable » comme on vend du « léger » ou du « bio ». L'adjectif fait oublier la question essentielle : pourquoi développe-t-on ? Au nom de quoi ? Et pour atteindre quel type de société ?

Un monde durable, ce n'est pas un monde qui fait la même chose, avec des matériaux recyclés. Ce n'est pas un monde où l'on continue à produire en masse, mais en triant les déchets. C'est un monde où l'on change d'imaginaire. Où l'on redéfinit la réussite, la richesse, le bien commun. Le mot ne suffit pas. Ce qui compte, c'est le contenu qu'on y met — et le courage de vivre autrement.

Empreinte carbone

Voici un mot qui donne une apparence de science à notre conscience. On le mesure, on le calcule, on le compense. Il devient un chiffre, une donnée, un indice. L'empreinte carbone nous donne l'illusion que le problème écologique est avant tout mathématique : qu'il suffirait de réduire un certain nombre de tonnes de CO_2 pour que tout rentre dans l'ordre.

Mais l'empreinte carbone n'est pas neutre. Elle est une manière de quantifier des modes de vie, de leur attribuer un coût invisible. Elle transforme l'existence en un bilan, l'habitat en équation. Et surtout, elle individualise le problème : chacun devient responsable de « son » empreinte, comme s'il portait seul le poids d'un système global. Or, une empreinte ne se comprend qu'en regardant la route parcourue, le chemin collectif.

Ce n'est pas qu'elle soit inutile — loin de là. Elle permet de prendre conscience de certains excès, de rendre visibles les conséquences diffuses de nos actes. Mais elle est souvent instrumentalisée. Elle devient un outil de culpabilisation plus qu'un levier d'émancipation. Elle masque les grandes structures, les politiques, les choix industriels, en mettant le projecteur sur le comportement du consommateur lambda.

Réduire notre empreinte carbone, bien sûr. Mais pas pour sauver notre confort à moindre coût. Il ne s'agit pas seulement d'éteindre la lumière en sortant d'une pièce. Il s'agit de revoir la place de la lumière dans notre manière de vivre. L'empreinte carbone n'est qu'un indicateur. Le vrai enjeu, c'est le sens de nos pas, pas seulement leur trace chimique.

Simplicité volontaire

Terme suspect aux yeux d'une société fondée sur la complexité involontaire. Pourtant, c'est moins une privation qu'une libération. Non pas renoncer, mais choisir. Ce qui, par les temps qui courent, est une révolution en soi.

Rewilding

Le mot est récent, presque tendance. En anglais dans le texte, comme pour mieux dire sa nouveauté. *Rewilding*, littéralement : « ré-ensauvagement ». On imagine des loups réintroduits, des forêts laissées à elles-mêmes, des plaines rendues aux bisons. C'est un mot de rupture, de revanche de la nature. Un mot spectaculaire, presque romantique. Mais comme souvent, ce qu'il cache est plus complexe.

Le *rewilding* dit une vérité essentielle : la nature n'a pas besoin de nous pour exister. Elle peut se régénérer seule, si on lui laisse de l'espace, du temps, du silence. Il suffit parfois de ne plus faire, de se retirer, pour qu'une prairie redevienne forêt, qu'un marais redevienne refuge. C'est l'antithèse du pilotage, de l'ingénierie, de la gestion : une forme d'abandon volontaire, de modestie écologique.

Mais cette idée, en elle-même belle et forte, peut aussi se retourner. Car dans certaines versions du *rewilding*, l'humain est vu comme un intrus. Il faut le retirer pour que la nature revienne. L'idéal serait alors une carte postale sans présence, une nature « pure », « authentique », débarrassée de l'homme. On inverse le mythe du paradis perdu : ce n'est plus l'homme qui quitte la nature, c'est la nature qui est libérée de l'homme.

Or, cela repose sur une conception naïve — et parfois dangereuse — de la nature comme altérité absolue. Une nature sans culture, sans mémoire, sans relations. Une nature musée. Mais les paysages que nous aimons, que nous appelons « naturels », sont souvent le fruit d'une longue cohabitation avec l'humain. Une montagne déboisée par les bergers. Une lande entretenue par le feu. Une rivière canalisée depuis des siècles. Le sauvage est toujours en partie cultivé.

Le *rewilding*, pour ne pas devenir un slogan, doit s'accompagner d'une réflexion sur notre place. Il ne s'agit pas de disparaître, mais de mieux habiter. Il ne s'agit pas de tirer sa révérence, mais de faire un pas de côté.

Le vrai *rewilding*, peut-être, n'est pas de restaurer un fantasme de nature vierge. C'est de réapprendre à vivre avec elle — sans la dominer, sans l'idéaliser.

Effondrement

Le mot claque comme un verdict. Il évoque un monde qui chute, qui s'écroule, qui se dérobe sous nos pieds. L'effondrement n'est pas une simple crise. C'est une bascule, un point de non-retour. Il n'y aurait plus de retour à la normale, parce que c'est la « normale » elle-même qui aurait été la maladie.

La pensée de l'effondrement a pris de l'ampleur ces dernières années. Elle fascine autant qu'elle inquiète. On lit, on prévoit, on simule. Le climat, les ressources, la biodiversité, les chaînes logistiques : tout semble fragile, interdépendant. Et il est vrai que le système mondialisé, industrialisé, extractif, repose sur des équilibres précaires. Il est vulnérable. Trop complexe pour être maîtrisé. Trop rapide pour être corrigé.

Mais penser l'effondrement, ce n'est pas seulement lire des courbes. C'est une manière de se situer dans le temps. De regarder l'histoire comme une succession de cycles, de civilisations montantes et descendantes. L'effondrement devient alors une hypothèse de lucidité. Un vaccin contre l'illusion du progrès linéaire. Une invitation à retrouver le sens du tragique.

Cependant, le risque est double. Soit on fait de l'effondrement une apocalypse annoncée — et alors toute action paraît inutile. Soit on le transforme en opportunité spirituelle — et alors il devient un alibi pour l'inaction politique.

La pensée de l'effondrement n'est féconde que si elle nous oblige à changer ici et maintenant, sans attendre que tout craque. Non comme des survivalistes repliés dans leur refuge, mais comme des veilleurs lucides. Des vivants qui préparent un monde habitable, même si l'ancien vacille. L'effondrement n'est pas une certitude, mais une alarme. À nous d'en faire un éveil, et non un tombeau.

Greenwashing

C'est le camouflage préféré des temps modernes. L'art de verdir l'image sans transformer la structure. Une entreprise pollue ? Qu'importe, elle plante des arbres. Une marque surconsomme ? Elle affiche un logo vert. Un produit est inutile ? Il devient « éco-responsable ». Le *greenwashing* n'est pas une maladresse. C'est une stratégie.

Il repose sur un fait : l'écologie est devenue désirable. Elle fait vendre. Elle donne bonne conscience. Alors on en met partout, comme un parfum discret : « neutre en carbone », « issu de ressources renouvelables »,

« engagement pour la planète ». Ces expressions, à force d'être répétées, ne signifient plus rien. Elles rassurent sans contraindre. Elles dédouanent sans transformer.

Le *greenwashing* fonctionne d'autant mieux qu'il s'adresse à notre désir de ne pas trop changer. Il nous promet que l'on peut continuer comme avant — mais « en mieux ». Il nous dit : consommez autant, mais différemment. Détruisez moins, mais produisez toujours. Il donne l'impression d'un progrès écologique, alors qu'il ne s'agit souvent que d'un recyclage de symboles.

Le plus pernicieux, c'est qu'il détourne l'attention. Pendant qu'on vante la voiture éléctrique, on oublie les métaux rares qu'elle exige. Pendant qu'on admire les pubs responsables, on oublie que c'est le modèle même de consommation de masse qui pose problème. Le *greenwashing*, c'est la forme moderne du déni : un déni qui se maquille en vertu.

Il ne s'agit pas de traquer le moindre geste d'écologie imparfaite. Mais de refuser que l'écologie soit confisquée par ceux qui en font une façade. Une vraie transition ne se voit pas seulement dans les slogans. Elle s'éprouve dans les choix, dans les coûts assumés, dans les renoncements partagés. L'écologie n'est pas une couleur. C'est une éthique. Et elle ne s'achète pas.

Habiter

C'est un mot ancien. Modeste. Silencieux. Il ne fait pas de bruit comme « croissance » ou « urgence ». Il ne promet rien. Il n'inspire pas les discours électoraux. Et pourtant, il contient peut-être tout ce que l'écologie voudrait nous rappeler. Habiter, ce n'est pas seulement résider quelque part. Ce n'est pas une adresse. Ce n'est pas un bail. C'est une manière d'être au monde.

Habiter, c'est faire corps avec un lieu. C'est y inscrire sa mémoire, son rythme, sa fragilité. C'est connaître la lumière qui traverse la fenêtre à certaines heures. Les odeurs après la pluie. Les saisons dans les arbres.

C'est ne plus être simplement là, mais devenir partie prenante d'un tissu. Non plus spectateur, mais habitant. Et cette forme de présence suppose une chose rare : l'attention.

Mais le monde moderne n'habite plus, il occupe. Il exploite, il consomme. Il transforme les lieux en ressources, les paysages en décors, les forêts en filières. Il n'a plus le temps pour la durée, pour la lenteur. Il s'installe sans s'enraciner. Il déplace sans s'émouvoir. Il vit hors-sol, connecté, mobile — mais orphelin de sol.

Habiter, aujourd'hui, est devenu un acte de résistance. Résister à la fuite permanente. À l'accélération. À la mondialisation standardisée. C'est préférer la présence à la performance. La mesure au vertige. La relation à l'usage. Ce n'est pas refuser la modernité — c'est la tempérer, la redensifier, la reconnecter.

Et c'est là que se joue, peut-être, la véritable écologie : dans la qualité de notre lien au proche. Non pas une écologie de lois, mais une écologie du lieu. Une manière d'être ici — vraiment. Pas seulement pour jouir du monde, mais pour le connaître. Le comprendre. Le respecter. Habiter, c'est tisser des attachements. Et c'est ce tissage qui, lentement, refait monde.

Temps

C'est peut-être la grande fracture de notre époque. Non pas entre gauche et droite, riches et pauvres, humains et non-humains — mais entre deux manières de concevoir le temps. D'un côté, le temps court, pressé, le temps des tableurs, des échéances, de l'immédiateté. De l'autre, le temps long, celui des saisons, des cycles, des lenteurs vivantes.

L'écologie, dans cette perspective, n'est pas d'abord un problème de techniques ou de budgets. C'est un conflit de temporalités. Le vivant a son propre rythme. Un arbre met des décennies à grandir. Un sol met des siècles à se former. Un écosystème a besoin de temps pour se stabiliser. Mais l'économie, elle, ne sait plus attendre. Elle veut le retour sur investissement, la croissance continue, la rentabilité trimestrielle.

Ce décalage crée des tensions insoutenables. On impose au monde vivant un tempo qu'il ne peut pas suivre. On épuise parce qu'on accélère. On abîme parce qu'on veut tout, tout de suite. La crise écologique est aussi une crise de la patience.

Reprendre le temps, ce n'est pas s'ennuyer. Ce n'est pas ralentir pour le plaisir. C'est reconnaître que certaines choses ne se font bien que dans la durée. Que le soin, l'éducation, l'agriculture, la transmission, demandent autre chose que l'instantané. Il ne s'agit pas de revenir en arrière, mais de réhabiliter ce que la modernité a mis entre parenthèses : la maturation, la permanence, l'attente.

Le temps n'est pas un ennemi. Il est la condition du vivant. L'écologie retrouvée commence par là : par une révolution temporelle. Une révolution douce, mais décisive. Qui refuse l'extase du présent au profit de la continuité. Qui préfère l'écho à la déflagration. La durée à l'urgence.

Sol

On l'écrase. On le piétine. On le gratte. On l'exploite. On ne le regarde presque jamais. Le sol, pourtant, est une énigme. Une mémoire. Une promesse. Il est le support de tout, mais il est invisible. Un monde sous nos pieds, vivant, palpitant, organisé. Un monde qu'on oublie tant il est silencieux.

Un sol n'est pas une surface. C'est une profondeur. Un empilement de siècles. De feuilles mortes, de racines, de micro-organismes, de vers, de champignons, de pluie. C'est un tissage vivant, fragile, patient. Une peau terrestre qui respire, digère, transforme. Il faut mille ans pour produire quelques centimètres de bon sol. Quelques heures pour le détruire.

Mais le monde moderne a cessé de le voir. Il laboure trop profond, il bétonne trop large. Il tue la vie souterraine à coup de chimie. Il croit que le sol est un simple support — alors que c'est un écosystème. Une intelligence collective. Un organe nourricier. Le sol, c'est l'humus et l'humilité. Le lien entre l'homme et la terre. Le terreau de tout ce qui pousse et persiste.

Respecter le sol, c'est comprendre que la terre n'est pas inépuisable. Que notre souveraineté alimentaire commence sous nos semelles. Que l'agriculture sans sol est un leurre technique. Que la biodiversité n'est pas seulement dans les forêts, mais dans le dessous des champs.

Redonner sa place au sol, c'est redonner sa place au cycle. Au vivant. À la dépendance. C'est se souvenir que nous venons de là, et que nous y retournerons. Le sol n'est pas sale. Il est sacré. Et si l'écologie n'est pas une morale, elle est peut-être un respect de ce qui nous porte — et que nous avons trop longtemps négligé.

Éco-responsabilité

Un mot qui rassure. Un mot propre, rangé. Le mot parfait pour les chartes d'entreprise et les campagnes de pub où le plastique recyclé devient presque un argument moral. Être éco-responsable, aujourd'hui, c'est trier ses déchets, faire attention à sa consommation d'eau, refuser la paille en plastique — et continuer globalement comme avant, mais avec bonne conscience.

Ce mot a la vertu du compromis. Il ne dérange pas. Il ne renverse rien. Il donne à chacun l'illusion d'agir sans exiger le moindre changement de fond. L'« éco-responsabilité » est l'idéologie douce du statu quo. Elle transforme l'écologie en tableau Excel, en cases à cocher, en petits gestes mille fois répétés qui occupent l'esprit sans bousculer le réel.

Mais le vivant ne se contente pas de bonnes intentions. Il se moque des labels. Il exige de la cohérence, pas du vernis. Et surtout, il nous rappelle que la responsabilité n'est pas individuelle, mais systémique. Qu'il ne suffit pas d'acheter un tote bag en coton bio pour réparer un monde dévasté par des décennies de surexploitation.

Être responsable, ce n'est pas se conformer à des indicateurs. C'est se poser des questions exigeantes : à quoi je contribue ? À quoi je renonce ? Quel monde je finance, même malgré moi ? Ce n'est pas verdir la surface : c'est descendre en profondeur. C'est accepter l'inconfort. C'est faire des choix, parfois douloureux. Être responsable, au fond, c'est cesser de se raconter des histoires.

L'« éco-responsabilité » ne devrait pas être un slogan. Mais une exigence de lucidité. Un effort constant pour voir clair dans les compromissions, pour agir sans se donner le beau rôle. Une forme d'honnêteté, sans illusion. Sans excuse.

Sobriété

C'est un mot qui fait peur. Il sent la privation, la punition. Il évoque l'hiver sans chauffage, l'été sans climatisation, le retour à la bougie, l'austérité morale. On l'associe à la décroissance comme à une malédiction, une punition collective. Mais ce que ce mot désigne n'est pas un renoncement. C'est une redéfinition.

La sobriété n'est pas l'opposé du confort. C'est une manière d'interroger ce que nous appelons confort. Est-ce vraiment le confort que de vivre pressé, sur-sollicité, surexposé, dépendant de mille machines qui nous affranchissent de tout — sauf de nous-mêmes ? Est-ce vraiment le confort que d'être constamment branché, ultra-connecté, mais intérieurement déserté ? La sobriété, au fond, pose une question simple : de quoi avons-nous besoin pour vivre bien ?

Elle ne dit pas : « faites moins ». Elle dit : « faites mieux, avec moins ». Ce n'est pas un moralisme — c'est une esthétique. Une sagesse. Elle invite à la clarté dans les désirs, à l'élégance dans les usages, à l'intensité dans la présence. C'est la différence entre l'abondance et la profusion. Entre le trop-plein et la plénitude.

La sobriété, ce n'est pas un programme politique. C'est une éthique du rapport au monde. Une manière de se retirer du vacarme inutile pour retrouver l'essentiel. Elle n'est pas la fin de la fête — elle est la condition de sa possibilité.

Dans un monde où le toujours plus est devenu un réflexe, la sobriété est un acte de liberté. Un refus du vertige. Un refus de l'addiction. Un chemin vers une forme de joie calme, profonde. Ce que les anciens appelaient : la mesure.

Technosolutionnisme

Mot long, un peu lourd, un peu universitaire. Mais il fallait bien un terme pour désigner cette maladie contemporaine : croire que chaque problème, y compris ceux produits par la technique, trouvera sa solution dans… plus de technique.

Le technosolutionnisme est l'idéologie tranquille de la fuite en avant. Il repose sur une croyance : que les innovations finiront toujours par réparer les dégâts, que les outils numériques, les intelligences artificielles, les nouveaux matériaux, les algorithmes verts ou les fermes verticales finiront par tout régler. Ce n'est pas une science. C'est une foi. Et comme toute foi, elle dispense d'interroger ses fondements.

On détruit la vie marine avec des filets industriels ? Il suffit d'imprimer du poisson en laboratoire. On assèche les sols avec des monocultures ? On invente des capteurs pour les irriguer au millimètre. On pollue l'air avec nos trajets ? On électrifie les SUV. Cela fait que le problème n'est jamais dans nos modes de vie, nos choix collectifs, notre modèle. Il est dans le mauvais dosage technologique. Et il suffirait d'un peu plus de progrès pour tout résoudre.

Mais cette logique est un cercle. Une illusion d'efficacité. Elle masque le fond du problème : notre rapport au monde. La croyance que tout est améliorable, optimisable, sans jamais poser de limite, ni de cadre. La technique devient un pansement sur une jambe de bois. Elle ne remet rien en cause — elle prolonge, elle adapte, elle maquille.

Le technosolutionnisme n'est pas neutre. Il empêche la pensée. Il décourage la remise en question. Il promeut une écologie sans éthique, sans politique, sans renoncement. Une écologie où l'on pourrait continuer à vivre comme avant, mais sans les conséquences.

Ce n'est pas la technique qu'il faut rejeter. Mais le mythe qu'elle se suffit à elle-même. La véritable écologie ne rejette pas la technologie. Elle la replace dans un monde habité. Elle la subordonne à une vision. À une prudence. À une sagesse.

Artificialisation

C'est un mot froid, presque administratif. Un mot d'urbaniste, de rapport parlementaire, de décret préfectoral. Pourtant, derrière cette neutralité sémantique, il se joue quelque chose d'immense : la disparition du sol vivant.

L'artificialisation, ce n'est pas seulement le fait de couler du béton. C'est tout ce qui transforme un écosystème complexe, vivant, interrelié — en surface plane, stérile, exploitable. Un champ transformé en zone logistique. Une haie arrachée pour faire passer une route. Une prairie absorbée par un parking. Un marais grignoté par une zone commerciale. L'industrialisation, l'urbanisation, la rationalisation de l'espace : voilà le vrai visage de l'artificialisation.

Et le plus inquiétant, c'est qu'elle est souvent invisible. Parce qu'elle avance par petites touches. Par mitage. Par logique d'aménagement. Elle ne s'annonce jamais comme une destruction : elle se présente comme une modernisation, une mise en valeur. Ce qui était vivant devient « foncier ». Ce qui était sauvage devient « potentiel ». Ce qui était là depuis des siècles devient « opportunité économique ».

Or, chaque mètre carré artificialisé est un mètre carré mort. Un sol scellé, imperméable, incapable d'absorber l'eau, d'abriter la vie, de produire autre chose qu'un rendement. Ce que nous appelons progrès est parfois une stérilisation silencieuse.

Il ne s'agit pas de refuser toute transformation du territoire. Mais de comprendre que l'espace n'est pas vide tant qu'il n'est pas bâti. Qu'un bosquet, un fossé, une friche ont une valeur écologique souvent bien supérieure à ce que nous savons y construire. L'artificialisation est la forme moderne d'un vieux geste : celui qui remplace le monde par une projection.

Ce mot, enfin, pose une question : jusqu'où peut-on bétonner sans cesser d'habiter ? Jusqu'à quel point peut-on désenchanter les lieux sans se désenchanter soi-même ?

Compensation carbone

C'est un concept qui sent bon la bonne volonté. Un concept d'expert, de start-up, d'aéroport réhabilité. « Ne vous inquiétez pas », nous dit-on, « nous émettons du CO_2, certes, mais nous le compenserons ». Il suffirait donc de planter des arbres pour effacer des kilomètres en avion. De financer une forêt lointaine pour blanchir nos habitudes. De « neutraliser » nos dégâts comme on équilibre une balance comptable.

Mais cette logique repose sur une fable : que les émissions de carbone seraient des fautes qu'un chèque suffirait à racheter. Que la Terre fonctionnerait comme un tableur Excel. Que l'on pourrait polluer ici et réparer ailleurs, dans une équivalence magique des flux.

Or il n'y a pas de symétrie entre une tonne de carbone émise aujourd'hui, qui aggrave durablement l'effet de serre, et une hypothétique tonne stockée demain dans un arbre qui mettra trente ans à pousser — et qui pourra brûler en une nuit. Il n'y a pas de justice climatique dans un monde où les pays riches effacent leurs empreintes en exportant la réparation chez les autres. La compensation, bien souvent, est un rachat symbolique qui permet de ne pas changer. Une indulgence verte.

Il ne faut pas s'y tromper : compenser n'est pas réduire. C'est transformer un problème concret en abstraction comptable. C'est substituer la finance au politique, l'image à l'action, la stratégie au courage. Cela permet aux grandes entreprises de continuer comme avant, en se drapant de responsabilité.

Ce n'est pas que planter des arbres soit une mauvaise chose. C'est que cela ne devrait pas être un prétexte. La seule vraie compensation serait une transformation des modes de vie, une sobriété structurelle, un refus de l'hypermobilité. Pas un greenwashing quantifié.

CONCLUSION

L'écologie retrouvée

L'écologie n'est pas un programme. Ce n'est pas un décret, ni une taxe, ni un label. Ce n'est pas un slogan publicitaire sur fond vert, ni un discours tremblant à la tribune d'un sommet. Ce n'est pas, ou du moins cela ne devrait pas être, une stratégie de communication. Car une stratégie passe ; une culture demeure.

Et l'écologie, fondamentalement, est une culture.

Une culture, c'est-à-dire une manière d'habiter le monde. Une manière de percevoir, de ressentir, de penser, d'agir. Ce n'est pas une case qu'on coche, c'est une trame que l'on tisse. Une culture ne s'impose pas par décret, elle s'insinue. Elle s'apprend, se murmure, se pratique, comme on apprend à marcher dans un sentier sans tout écraser, ou à écouter un silence sans vouloir le meubler.

Elle commence par un regard.

Un regard capable de s'émerveiller sans consommer. Un regard qui ne convertit pas tout en ressource, tout en profit, tout en usage. Un regard qui suspend la main. Qui laisse advenir. Qui s'accorde au rythme lent de ce qui pousse, de ce qui vieillit, de ce qui meurt.

Mais ce regard, il faut le réapprendre. Il ne se décrète pas, lui non plus. Il se cultive, à la main, patiemment, comme on plante un arbre sans savoir qui s'abritera un jour sous ses branches. Il faut semer : semer des gestes, des récits, des habitudes. Semer du silence, de l'attention, de la lenteur. Semer, sans attendre immédiatement la moisson. Car l'écologie, comme la terre, demande du temps.

Nous avons trop longtemps voulu aller vite. Voulu « changer le monde » comme on changerait une roue crevée. Mais le monde n'est pas une machine. C'est un tissu d'équilibres, de relations, de dépendances subtiles. Et quand on tire trop fort sur un fil, c'est toute la trame qui se déchire.

Pendant des décennies, on a tout opposé : nature et technique, tradition et progrès, croissance et sobriété, émotion et raison, contemplation et action. On a divisé, tranché, simplifié. Mais une civilisation ne tient pas dans des cases. Elle tient dans les ponts, dans les médiations, dans les nuances.

L'alternative n'est pas entre décroissance punitive et technosolutionnisme béat. Elle est ailleurs. Plus discrète. Plus exigeante. Elle est dans l'art du lien.

Ce que l'époque appelle, ce n'est pas une nouvelle idéologie. Les idéologies, nous en avons fait le tour. Ce n'est pas une nouvelle doctrine, ni un nouveau parti. C'est une réconciliation. Réconcilier l'homme avec lui-même, d'abord. Avec sa vulnérabilité, son besoin de beauté, sa finitude. Puis avec le reste du vivant, non pas comme un maître magnanime, mais comme un hôte parmi d'autres.

Réconcilier le faire et l'être. Le progrès et la mesure. La science et la saveur. L'intelligence et l'enracinement. Réconcilier l'arbre et l'enfant, la ville et le vent, le temps long avec nos vies précaires. Réconcilier, c'est renouer : remettre en lien ce que la modernité avait segmenté. Non pour revenir en arrière, mais pour aller plus loin autrement.

Le défi, en vérité, n'est pas de sauver la planète. La planète, elle, survivra. Elle s'adaptera. Elle refera émerger d'autres formes de vie, comme elle l'a toujours fait. Ce qui est en jeu, ce n'est pas la survie du globe : c'est la qualité de notre présence ici. C'est le sens de notre passage. Ce que nous y faisons, ce que nous y détruisons, ce que nous y aimons.

L'écologie retrouvée, ce n'est pas une guerre à mener contre nous-mêmes. Ce n'est pas l'austérité comme horizon, ni la honte comme moteur. Ce n'est pas l'humain à réduire, c'est l'humain à redresser. C'est une manière habitée, habitable, d'être au monde. Une manière qui refuse autant la fuite technologique que la haine de la civilisation. Une manière qui ne sacralise pas le passé, mais qui honore la mémoire. Qui ne fige pas le vivant, mais qui le laisse libre.

Cette manière ne passe ni par la peur, ni par la culpabilité. Elle passe par l'éveil. L'éveil à la beauté d'un monde qui n'a pas besoin d'être parfait pour être précieux. L'éveil à la fragilité des choses, à leur silence, à leur offrande discrète. L'éveil à ce que le progrès n'explique pas, mais que la poésie révèle.

Redécouvrir l'écologie, c'est peut-être cela : réapprendre à vivre avec la gratitude. À se savoir de passage. À accepter la limite non comme une punition, mais comme une condition de la joie. À retrouver le goût de ce qui ne se compte pas : la lumière sur un mur, le chant d'un oiseau, la main posée sur une écorce.

Ce n'est pas régresser, c'est grandir autrement. Grandir dans l'humilité. Dans la justesse. Dans la fidélité à ce que nous sommes : des vivants parmi les vivants, vulnérables mais capables, destructeurs parfois, mais aussi réparateurs.

L'écologie retrouvée n'est pas un combat, c'est une offrande. Non une croisade, mais une culture du lien.

Une manière d'être là, pleinement. Non plus comme des propriétaires pressés, mais comme des hôtes attentifs. Non plus comme des conquérants, mais comme des gardiens — de ce qui nous dépasse, de ce qui nous précède, et de ce qui viendra après nous.

Comme des amis.

Comme des poètes.

Comme des vivants.